나의 작은
이끼 정원

테라리움에서 이끼볼, 콩분재까지, 사계절 그린 인테리어

하즈미 나오미 지음
박유미 옮김

라의눈

맑은 날의 이끼, 흐린 날의 이끼…

누구나 한 번쯤은 본 적이 있을 겁니다. 출퇴근길의 보도블록 틈새에서, 산책 중에 벤치 아래에서, 여행지에서 방문한 숲에서… 단지 주목하지 않았을 뿐입니다. 사계절 푸른 이끼는 우리의 삶과 닮았습니다. 계절의 변화에 따라, 사는 장소나 햇볕이 드는 정도에 따라 같은 종류의 이끼라도 다른 모습으로 성장하기 때문입니다.

이 책은 독자 여러분을 이끼의 세계로 초대합니다. 지금까지 조연에 불과했던 이끼가 갑자기 주인공이 된 것입니다. 마치 어떤 이의 인생이 그러하듯 말입니다. 책에서 소개하는 이끼화분과 이끼분재는 입문 수준이라 누구나 가벼운 마음으로 즐길 수 있습니다.

아, 분재가 무엇인지부터 설명해야겠군요. '분盆'은 한자 그대로 화분 또는 담는 용기를 가리킵니다. 분재盆栽란 개념은 화분과 수목의 조화를 중시한 것입니다. 저는 작은 용기에 이끼와 식물을 조화롭게 배치해 이끼분재와 콩분재豆盆栽를 만들었습니다. 콩분재(혹은 두분재)란 아주 작은 분재를 말합니다.

이끼분재와 콩분재는 특별한 기술이 필요치 않습니다. 번거로운 일이라면 물주는 정도랄까요? 사소한 실패를 하더라도 걱정할 필요는 없습니다. 처음에 이끼 화분으로 시작해서 경험을 쌓아 가면 되니까요. 물론 이끼 화분만으로도 충분히 훌륭하기도 하고요.

저와 함께 이끼와 식물의 세계로 들어가, 그 웅대하면서도 작은 세계를 직접 표현해보는 건 어떨까요? 식물을 기르면 그 방법을 터득하는 데에 머무르지 않고 자신의 생활을 변화시키는 계기로 만들 수 있답니다. 정말 멋진 일이죠.

하즈미 나오미

목차

이끼 화분

이끼볼과 사계절

이끼와 다육식물

이끼와 작은 용기

이끼와 테라리움

이끼와 미니어처 가든

이끼와 콩분재

이끼의 무한한 매력을 즐기려면

다른 식물과 조합해보자!

이 책에서는 이끼와 함께 다년초, 관엽식물, 다육식물을 다룬다. 식물에 따라 좋아하는 환경이 다르기 때문에 기본적으로 튼튼하고 기후에 적합한 것을 선택해서 조합했다. 이끼만 재배해도 충분히 매력적이기는 하지만, 책을 참고하여 다른 식물과 조합하면 또 다른 매력을 느낄 것이다.

비료는 필요 없다, 물주기만 확실히!

이끼분재와 콩분재는 손바닥에 올려놓을 수 있을 정도의 작은 화분이다. 적은 양의 흙으로 재배하므로 쉽게 마를 수 있어 주의가 필요하지만, 책에서 제시하는 기준대로만 물을 주면 문제가 없다. 이끼는 물론이고, 함께 심은 식물도 비료를 줄 필요가 없다. 물만 확실히 준다면 그걸로 충분하다.

천연 경석輕石 화분에 이끼를 심는다. 늘 그 자리에 있는 변함없는 자연의 모습을 재현했다.

이끼 ··· 참꼬인이이끼Barbula unguiculata, 서리이끼Racomitrium canescens, 가는참외이끼
Brachymenium exile, 일태日苔, 날개양털이끼Brachythecium plumosum
만드는 법 → 13쪽

이끼를 이해하기 위한 4가지 키워드

싱싱하고 파릇파릇한 이끼는 일본의 전통시 와카和歌에도 등장한다. 말하자면, 이끼는 과거부터 친근한 식물이라는 것. 이끼의 특징을 파악한 후에 시작하면 누구나 이끼를 쉽게 키울 수 있다.

사계절 푸른 이끼
대부분의 이끼는 다년생으로, 겨울에도 시들지 않기 때문에 1년 내내 푸른 모습을 즐길 수 있다. 생육기인 봄, 가을에는 '삭蒴'이라 불리는 포자낭을 만드는 아름다운 모습을 즐길 수 있다. 이끼는 크게 성장하지 않는 식물이지만, 계절의 변화를 느끼게 한다.

빛과 물만 필요하다
햇볕과 물을 영양분으로 해서 자라기 때문에 화분을 놓을 위치와 물주기만 신경 쓰면 돌보기 어렵지 않다. 이끼에는 뿌리가 없어 줄기와 잎으로 수분을 흡수한다. 따라서 하루 중 서너 시간만 햇볕이 드는 장소에 두고 건조 상태를 살피며 물을 주는 것이 요령이다.

용기의 선택과 배열이 자유롭다
몇 년이 지나도 자라지 않고 원래 상태 그대로 성장하기 때문에 용기의 크기는 자유롭게 선택하면 된다. 적당한 습기를 좋아하니, 테라리움처럼 밀폐된 용기에도 적합하며 다양한 어레인지먼트에 잘 어울린다.

주연이든 조연이든 잘 어울린다
싱싱한 녹색을 띠는 자연을 응축해놓은 듯한 이끼는 주연으로도, 다양한 식물을 돋보이게 하는 조연 역할로도 매력적이다. 이끼가 흙의 표면을 덮으면 흙의 수분을 가두기 때문에 건조를 막아주며, 소박하고 아름다운 정경을 연출한다.

이 책에서 소개하는 이끼류

선태류에 속하는 이끼는 선류蘚類, 태류苔類, 뿔이끼류 이렇게 세 가지로 분류된다.
이 책에서는 다루기 쉽고 손질이 간단한 선류 이끼를 이용해 이끼 화분과 다양한
어레인지먼트를 소개한다.

서리이끼 Racomitrium canescens
(선류 고깔바위이끼과Grimmiaceae)

별 모양이 특징. 높이는 2~
3cm이며 헛뿌리는 잘 자라지
않는다. 햇볕을 좋아하며 건조
한 환경에서 오랜 시간 견디기
때문에 기르기 쉽다.

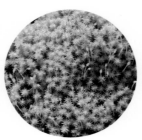

가는참외이끼 Brachymenium exile
(선류 참이끼과Bryaceae)

잎이 달걀 모양으로, 녹색이며
은이끼와 비슷하다. 습기가 차면
살아난다. 높이는 1cm 정도. 포
자낭이 '참외' 모양을 한 데서 유
래된 이름이다. 햇볕을 좋아하
며, 건조한 환경에 강하다.

솔이끼 Polytrichum commune
(선류 솔이끼과Polytrichaceae)

삼나무와 비슷한 모양으로, 이
끼 정원에서 흔히 볼 수 있는
종류이다. 줄기가 높고 단단해
20cm 이상 뻗은 것도 있다. 헛
뿌리가 빽빽하고 길쭉하며 건조
한 환경에 강하다.

참꼬인이이끼 Barbula unguiculata
(선류 참꼬마이끼과Pottiaceae)

뾰족한 잎이 방사형으로 자란
다. 높이는 1~2cm 정도. 반투
명 황록색으로 햇볕을 좋아하
며, 건조한 환경에 강하다.

털깃털이끼과 Hypunm Plumaeforme
(선류 털깃털이끼과Hypnaceae)

잎이 낫 모양으로, 밀집되어 있
는 것이 특징. 기어가듯이 줄기
를 뻗으며 자란다. 햇볕과 건조
한 환경에 강하며, 빛이 부족하
면 밝은 연녹색으로 변색되기
쉽다. 번식력이 강하다.

날개양털이끼 Brachythedum plumosum
(선류 양털이끼과Brachytheciaceae)

잎이 불규칙하게 갈라지고 부드
러우며 밀집된 것이 특징. 노랗
게 퍼지듯이 자란다. 햇볕은 적
당히 좋아한다.

9

이끼 화분

이끼 정원을 즐기고 싶다면 이끼 화분부터 시작해
보자. 이끼를 예쁜 용기에 촘촘하게 깔아 놓으면
벨벳을 펼쳐놓은 것 같다. 단순하면서도 이끼의
아름다움이 돋보인다. 숲이나 오래된 사찰에서뿐
아니라 길을 걷다가 문득 발걸음을 멈추고 가만히
들여다보면 길가에서 예쁜 이끼들을 관찰할 수 있
다. 그 고즈넉한 분위기 그대로 화분에 재현해보
는 건 어떨까.

가는참외이끼와
서리이끼로 만든 화분

쉽고 간단한 이끼 화분 만들기

◎ **준비물**

· 이끼···좋아하는 이끼(사진은 가는참외이끼)
· 용토···2종 / 적옥토(작은 입자), 화장토(모래나 자갈)
· 분무기
· 가위
· 둥근 화분

1 적옥토를 화분의 80% 정도 채운다. 바닥에 물 빠짐용 구멍이 없는 화분을 사용해도 상관없다.

2 분무기로 물을 뿌려 흙을 촉촉하게 해주면 이끼가 잘 자란다.

3 용기에 맞춰 가위로 이끼를 동그랗게 자른다.

4 이끼의 녹색 부분을 비스듬히 잘라서 가운데가 봉긋이 솟아오르게 한다.

12

· 이끼와 용기 사이를 화장토로 장식하면 화분이 훨씬 돋보인다. 화장
  사가 마르면 물을 보충해주면 된다.
· 이끼의 크기가 작을 경우, 한 뭉치가 되도록 잘 짜 맞춰서 빈틈없이
  심는다.

5 자른 이끼를 화분에 올린다.

6 이끼 가장자리의 헛뿌리가 보이지 않을 정도로 적
       토를 더 넣어준다.

7 분무기로 물을 뿌려 적옥토를 촉촉하게 만들고, 위
       에 화장사를 넣는다.

8 마무리 단계에 분무기로 물을 뿌려 이끼에 필요한
       수분을 보충한다.

13

작은 이끼를 돋보이게 하는

경석으로 만든
이끼 화분

1 경석에 적옥토를 넣고, 분무기로 물
       을 뿌려 촉촉하게 만든다.

2 빈틈이 생기지 않도록 이끼를 덮고,
       분무기로 물을 뿌린다.

시작하기 전에 알아두어야 할 것

● 이끼에 관한 기초 지식

구입 방법
화원이나 인터넷
쇼핑몰에서 구입

길가에서 흔히 볼 수 있는 친근한 식물, 이끼는 어떻게 구할까? 원예점이나 화원, 인터넷 쇼핑몰 등을 이용해서 구입할 수 있다. 국유지의 이끼 채취는 원칙적으로 불법이며, 사유지의 소유자라 하더라도 관련 행정기관의 허락을 받아야 하므로 직접 채취할 생각은 하지 않는 것이 좋다. 이끼가 자연에서 살아온 환경과 최대한 비슷하게 만들어주는 것이 좋다는 것 정도만 알아두자.

화분을 두는 장소
실내에서는 특히
건조한 환경에 주의

원시 식물인 이끼는 뿌리 대신 잎과 줄기로 공기 속 수분과 영양분을 흡수해 광합성을 한다. 즉 햇볕과 습기만 필요하다. 세포 구조가 단순해 약한 빛만 있어도 충분하고 수분을 축적하기 어려운 것이 특징이다. 고온다습한 환경에서는 뭉그러질 우려가 있으므로 햇볕이 적당하고 통풍이 잘 되는 장소가 좋다.
일반적으로는 정원이나 베란다 등 실외가 좋지만, 너무 어둡거나 건조해지지 않도록 신경만 써준다면 실내도 괜찮다. 특히 해 뜰 무렵, 햇살을 받을 수 있는 동향 창가 쪽이 좋다.

이끼의 특징과 각 부위의 명칭

선태류에 속하는 이끼는 약 23,000종에 달하는데, 대부분은 다년초로 사철 내내 푸르다. 성장기인 봄과 가을(종류에 따라 다르다)에 종자가 아니라 주로 포자로 번식한다. 뿌리가 없고 줄기와 잎에서 수분과 양분을 흡수한다. 뿌리처럼 보이는 헛뿌리는 몸체를 고정시키기 위한 것이다. 여러 개체가 군락을 이루는 것이 특징인데, 서로 몸을 지탱하면서 그 사이에 최대한의 수분을 저장한다.

경엽
(잎과 줄기)

삭
(포자낭)

헛뿌리

삭의 자루

실내 인테리어 방법

· 에어컨 바람이 직접 닿는 장소는 피한다.

· 이끼가 마르는 대부분의 원인은 흙마름이다. 생활 동선 내에, 장식하듯이 화분을 두면 자연스럽게 건조 상태를 확인하고 물주기를 습관화할 수 있다. 주방이나 세면대는 적당히 습하고 물과 가까이 있으므로 좋은 장소다.

· 여러 개의 화분이 있는 경우에는 일주일 동안 순서를 정해 차례대로 실외에 내어 두면 된다.

물주기

이끼분재와 콩분재에서 가장 중요한 물주기

이끼분재와 콩분재는 크기가 작을수록 쉽게 마르기 때문에 물주기가 가장 중요하다. 물주기를 확실하게 하면 비료를 주지 않아도 식물은 잘 성장한다. 분재의 세계에는 '물주기 3년'이라는 말이 있다. 3년 정도 물주기를 해보아야 식물의 상태와 물주기를 이해할 수 있게 된다는 뜻이다.

【물주기 기준】

시기	횟수
4~6월	1일에 1회
7~9월	1일에 2회
10~11월	1일에 1회
12~3월	2일에 1회

◎ 분무기로 촉촉하게 물을 준다

뿌리가 없어 흙에서 수분을 빨아올리지 못하기 때문에 분무기로 물을 뿌려 줄기와 잎을 촉촉하게 해주어야 한다. 다른 식물과 함께 심을 경우에는 흙 속까지 수분을 침투시킬 필요가 있으므로 물뿌리개를 함께 사용하는 것이 좋다. 건조해지기 쉬운 형태의 이끼볼moss ball, 화분이 작고 흙이 적게 담겨 있어 수분을 저장하기 어려운 콩분재는 추가로 물에 담그기(29쪽, 101쪽 참조)를 해서 물이 마르지 않게 한다. 물주기는 다음의 표를 기준으로 한다.

◎ 이끼의 색이 사인

식물은 환경의 급격한 변화에 약하기 때문에 화분을 두는 장소를 바꾸는 등 환경이 바뀔 때는 특히 주의해서 관찰해야 한다. 일단 말라 버리면 원래대로는 돌아가기 어렵지만, 다시 새싹을 틔우면 녹색으로 변한다.

물과 햇볕이 부족할 때
▷ 갈색(새하얗게 되는 이끼도 있다)
물을 너무 많이 주었을 때
▷ 검은색

이끼가 갈색으로 변한 것은 물이 부족하다는 증거. 만져서 표면이 건조하거나 잎이 오그라든 부분이 있는지 놓치지 않도록 한다.

시간대도 중요

· 건조한 상태는 환경에 따라서도 변한다. 실험한다는 가벼운 마음으로 식물의 상태에 맞추어 물주기를 조절한다.

· 이끼는 건조한 상태가 계속되어도 곧바로 시들지는 않고 잎을 둥글게 말면서 휴면 상태로 들어가는데, 물을 주면 다시 건강해진다. 낮 동안 강한 햇빛을 받는 곳에 두면 말라죽는 경우도 있으므로 주의. 물주는 시간은 해 뜰 무렵이나 저녁 무렵 이후 햇볕이 약할 때가 좋다.

● 이끼 관리

이끼가 말라 죽으면 새 이끼로 '교체'하거나 '이끼 뿌리기'를 하면 된다.
※이끼 뿌리기: 성장기 이끼의 줄기와 잎을 씨처럼 뿌려 잎과 줄기에서 나오는 새싹으로 증식시키는 방법.

1 마른 흑갈색 부분의 줄기와 잎을 잘라낸다.

2 새 이끼의 줄기와 잎을 잘라 둔다.

3 1에 2에서 잘라둔 것을 붙인다.

4 분무기로 물을 뿌린다. 정착하려면 2~3주가 필요하다.

16

알아두면 쓸모 있는 이끼의 사이클

 봄
· 1년 중 가장 왕성한 성장기. 채취하기 좋은 시기다.
· 포자를 번식시키는 시기다.(종류, 환경에 따라 다르다.)

↓

 여름
· 햇살이 강해서 건조해지기 쉬우니 물주기를 거르지 않도록 한다.
※낮 동안에는 피하고, 해 뜰 무렵에 물을 준다.

 겨울
· 이끼는 추위에 강하지만, 추우면 휴면 상태가 되어 성장하지 않는다.
· 난방이 잘 되는 실내에 두면 건조해지기 쉬우니, 두는 장소와 물주기에 주의한다.

↑

 가을
· 봄 다음으로 성장이 왕성한 시기. 봄과 마찬가지로 채취하기에 적합한 시기다.
· 포자를 번식시키는 시기다.(종류, 환경에 따라 다르다.)

←

→

● 기본 도구

이 책에서 소개하는 작품을 만들기 위해 특별히 필요한 도구는 없다.
아래 자료는 모두 생활용품 판매점에서 쉽게 구할 수 있는 것들이다.

북주기 삽
흙을 뜨거나 계량할 때 사용하면 편리한 삽 모양의 용기

가위
이끼나 식물의 뿌리를 자를 때 사용. 나무나 가지를 자르는
것이 아니므로 원예용이 아니어도 좋다.

대꼬챙이
분형근盆形根을 털어주거나 흙을 넣을 때 사용

*분형근은 뿌리와 뿌리에 붙은 흙덩이를 말한다.

송곳
세밀한 작업이나 물빠짐 구멍을 만들 때 사용(49쪽)

미니 빗자루
작업 중 흙이 흘러넘치거나 식물을 자른
후 정리할 때 사용

분무기
화분의 이끼가 잘 정착하도록 흙에 물
을 줄 때, 줄기와 잎에 수분을 보충할
때 사용

핀셋
오래된 싹을 뗄 때나 손이 닿기 어려
운 곳에 미세한 작업을 할 때 사용

● 주로 사용하는 용토

이 책에서 사용할 용토(식물을 키우기 위한 흙)의 주요 재료를 소개한다.
원예점이나 온라인 쇼핑몰 등에서 구입할 수 있다.

A, B 화장토化粧土
보기 좋은 분재를 만들기 위해 표면에 까는 장식용 모래나 자갈을 말한다. 입자의 크기와 종류가 다양하므로 식물과의 균형을 고려해 마무리 단계에서 이미지에 맞는 화장토를 고르면 된다. A는 강모래 B는 한수석寒水石이다.

C 케토흙
물가의 식물이 퇴적하여 만들어진 흙으로 영양분이 많다. 점토질이기 때문에 모양을 만들기 쉬워 이끼볼에 주로 사용된다. 그대로 사용하면 물이 잘 배수되지 않으므로 잘 섞어서 사용한다.(19쪽)

D 건조 물이끼
물이끼를 건조시킨 것으로 흡수성이 뛰어나 정원수 재료로 사용된다. 용토에 섞어서 사용하면 배수와 보습성, 통기성이 좋아진다.

E 적옥토(경질)
붉은 화산회토火山灰土를 건조시킨 알갱이 모양의 흙. 낱알의 크기는 대, 중, 소, 극소로 다양하다. 이 책에서는 작은 작품 위주로 소개하므로 입자가 작은 것을 사용했다. 통기성, 배수, 보습성이 뛰어나다.

● 이끼볼 용토 만들기

이끼볼을 만들기 위한 용토는 18쪽에 소개한 재료들을 섞어 만든다. 이 재료들로 용토를 만들면 모양이 잘 만들어지고 보습성, 배수, 통기성이 좋기 때문에 이끼볼의 상태가 오래 유지된다.

1 용토 외에 물과 북주기 삽(사진의 삽 용량은 100cc)을 준비한다. 재료를 섞는 비율은 케토흙 3컵 : 적옥토 1/2컵: 건조 물이끼 1컵: 물 1컵으로 한다. 이 분량으로 지름 5cm의 작은 이끼볼 6개 정도를 만들 수 있다.

2 1의 비율대로 준비한 재료들을 넓은 용기에 함께 넣는다.

3 귓불 정도로 말랑한 질감이 될 때까지 손으로 잘 섞는다.

4 이렇게 섞은 용토는 이끼볼을 만드는 데도 사용되지만, 접착 효과도 있어 바위에 이끼를 붙일 때도 이용된다.

이끼볼과 사계절

식물을 화분에 심지 않고 이끼로 뿌리를 둥글게 감싸서 공 모양으로 만든 것을 이끼볼이라 한다. 소박한 이끼볼의 모습은 시골 마을의 풍경처럼 따뜻하고 자연스럽다.

산야초 山野草 로 만드는
사계절 이끼볼

산이나 들에서 자라는 식물로 계절에 어울
리는 이끼볼을 만들면 녹색 이끼와 식물이
자연스럽게 조화를 이룬다. 지름은 약 5cm
정도가 적당하다

겨울
참취 / 가는참외이끼

봄
뱀딸기
/ 가는참외이끼

여름
속새 / 거울이끼

가을
오이풀 / 털깃털이끼

23

모종으로 만드는 간단한 이끼볼

◎ 준비물

· 좋아하는 모종(사진은 홍콩야자)
· 이끼…털깃털이끼 혹은 가는참외이끼
· 이끼볼 용토 재료…적옥토(작은 입자), 케토
　흙, 물이끼
· 분무기
· 핀셋
· 가위

24

1 포트에서 식물을 뽑는다. 분형근의 모양을 살려야 하므로 허물어지지 않도록 주의한다.

2 뿌리에 상처가 나지 않도록 잔뿌리를 핀셋으로 떼어낸 후 손바닥에 올려놓고 둥글게 정리한다.

3 적옥토, 케토흙, 물이끼를 잘 섞은 후(19쪽의 비율 참조) 뿌리 두 배 크기, 1cm 두께로 모양을 만든다.

4 식물을 용토의 중심에 놓고, 분형근을 감싸듯이 흙을 덮어서 공처럼 둥글게 만든다.

5 물에 담가 놓은 물이끼를 전체적으로 드문드문 깔아준다. 바닥에는 깔지 않는다.

6 이끼를 준비한다. 이끼가 두꺼울 경우 헛뿌리 쪽을 잘라서 평평하게 만든다.

7 이끼를 물에 살짝 담갔다가 꺼내 흙 위에 깐다. 사진처럼 뿌리 주위에 가로로 깔면 된다.

8 다음엔 뿌리 주위에 빙 둘러서 이끼를 까는데, 이끼가 벗겨지지 않도록 측면에는 세로로 깐다. 바닥에는 물이 잘 고이므로 깔지 않는다.

9 바닥을 제외하고 측면까지 모두 깔았다면, 이끼볼을 양손으로 가볍게 쥐어서 남은 물기를 뺀다.

10 이끼를 깔지 않은 바닥의 흙이 겉에서 보이지 않도록 측면 아래쪽의 이끼를 정리한다.

25

관엽식물, 숙근초로 만드는 이끼볼

여러 해에 걸쳐 생육해 키우기 쉬운 관엽식물과 뿌리로 번식하는 숙근초宿根草를 이용해 이끼볼을 만들어보자. 익숙하게 보아왔던 식물도 이끼라는 녹색 용기에 담기면 느낌이 달라진다. 지름은 약 5cm 정도가 적당하다.

26

담쟁이덩굴 / 가는참외이끼

아스파라거스 / 가는잠와이끼

리비나 후밀리스Rivina humilis
/ 날개양털이끼, 참꼬인이이끼,
가는참외이끼

조릿대 / 날개양털이끼

바코파Bacopa / 가는참외이끼,
날개양털이끼, 은이끼

이끼볼에 물주기

안쪽까지 수분을 보충한다

이끼볼은 안쪽까지 물이 스며들기 어려우므로 건조해지기 쉽다. 따라서 확실한 물 보충이 중요하다. 계절에 따라 건조한 상태가 다르기 때문에 물주기는 아래의 '표'를 기준으로 한다.

【물주기 기준】

시기	횟수	물에 담그기
4~6월	1일에 1회	3일에 1회
7~9월	1일에 2회	1일에 1회
10~11월	1일에 1회	3일에 1회
12~3월	2일에 1회	1주일에 1회

◎ 분무기로 물주기

이끼가 정착되기 전에는 물 뿌리개로 물을 주면 이끼가 떨어지기도 한다. 분무기를 이용해 전체적으로 물을 듬뿍 준다.

↓ 접시에 물이 고이면

수반에 물이 고이면 이끼가 썩는 원인이 된다. 그대로 두지 말고 곧바로 버린다.

◎ 물에 담그기

이끼 안쪽까지 물이 스며들 수 있도록 물통에 물을 받아 이끼 부분을 담그고, 이끼 안쪽의 흙까지 물을 흡수하게 한다. 담가 두는 시간은 몇 분 정도면 충분하다.

◎ 장식하기

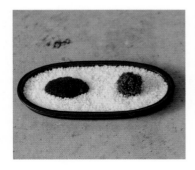

이끼만으로도 이끼볼을 만들 수 있다. 또 식물이 시들거나 죽어버린 상태에서 이끼볼을 그대로 장식해도 좋다. 반원형 등 다양한 모양으로 응용해 보자.

이끼볼은 사진처럼 유리 용기에 넣어 장식하는 것이 좋다. 바닥에 강모래를 깔면 잘 마르지 않는다. 안정적인 용기를 고르는 일부터 장식할 장소까지, 다양하게 선택할 수 있다.

이끼볼로 적합한 식물

여러 해에 걸쳐 계속 성장하는 다년초와 관엽식물, 씨를 뿌리지 않아도 매년 싹을 틔우는 숙근초는 번거롭게 옮겨 심지 않아도 되므로 이끼볼로 적합하다.

식물의 크기에 따라 이끼볼의 크기도 달라진다

이 책에 나오는 지름 5cm 정도의 작은 이끼볼은 적은 양의 흙으로 만들기 때문에 화분 식물과 마찬가지로 기본적으로 크게 자라지 않는다. 이와 달리 크게 성장한 식물로 이끼볼을 만들 경우에는 식물의 크기에 맞춰 이끼볼을 큼직하게 만든다.

작은 이끼볼을 만들 경우, 길이가 짧은 식물을 이용하거나 긴 식물을 잘라서 쓰면 된다.

다년초 꽃을 1년만 피우는 일년초와 달리 몇 년에 걸쳐 계속해서 성장한다.

속새
(속새과)속새속, 원산지는 북반구)

상록성 양치식물이다. 대나무를 닮아 가운데가 비었으며 가지는 없으나 마디가 뚜렷해 시원한 느낌을 준다. 줄기가 긴 것은 1m 정도까지 자란다.

참취
(국화과)참취속, 원산지는 아시아)

8~10월에 꽃이 핀다. 줄기는 한 포기에서 여러 갈래로 갈라져 자란다. 꽃잎을 받쳐주는 총포편(總苞片, 꽃의 밑동을 싸고 있는 조각-옮긴이)이 끈끈한 것이 특징.

뱀딸기
(장미과)양지꽃속, 원산지는 아시아)

3~6월에 노란색 꽃이 피고 붉은색 열매를 맺는다. 반나절 그늘진 곳에서도 잘 자라며 물기를 좋아한다.

오이풀
(장미과)오이풀속, 원산지는 아시아와 유럽)

8~10월에 붉은 꽃이삭을 팬다. 큰 것은 줄기의 높이가 70~100cm나 된다.

숙근초 겨울에 식물체의 지상부는 말라 죽지만 뿌리는 살아 있어, 봄이 되면 생장을 계속한다. 겨울에도 땅 위의 식물체가 살아 있는 다년초와 구별된다.

리비나 후밀리스Rivina humilis
(자리공과)리비나속, 원산지는 남아메리카)

6~10월에 작고 하얀 꽃이 핀 후, 염주알처럼 생긴 지름 3mm 정도의 빨간 열매를 맺는다. 구슬산호, 레드볼로도 불린다.

바코파
(현삼과)바코파속, 원산지는 남아프리카)

꽃이 계속해서 피어나, 봄부터 가을에 걸쳐 오랫동안 꽃을 즐길 수 있다.

관엽식물 다년초 중에서 실내 환경에 더 적합한 식물을 말한다. 원산지는 대부분 열대와 아열대 지역이며, 음지에서도 광합성을 하고 건조한 환경에 강하다.

아이비 Ivy
(두릅나무과)송악속, 원산지는 남아프리카)

담쟁이덩굴이라고도 하며 대표적인 관엽식물로 강건한 종이다. 잎의 크기와 색, 모양 등의 종류가 다양하다.

아스파라거스 Asparagus
(백합과)아스파라거스속, 원산지는 유럽)

잎이 작고 밝은 녹색으로, 관상용으로 매력적이다. 뿌리가 다육질이므로 건조한 환경에 강하고 기르기 쉽다.

드라세나 Dracaena
(드라세나과)드라세나속, 원산지는 동남아시아)

대표적 관엽식물로 잎은 줄무늬와 반점이 들어 있고 종류가 많다. 강건하며 기르기 쉽다.

히포에스테스 Hypoestes
(쥐꼬리망초과)히포에스테스속, 원산지는 마다가스카르)

잎에 흰색, 붉은색, 분홍색의 반점이 있는 것이 특징. 빛의 양에 따라 반점의 색이나 크기가 달라지는데 적당하게 햇볕을 쬐면 선명한 색을 유지한다.

크로톤 Croton
(대극과)코디에움Codiaeum속, 원산지 말레이반도)

잎의 색이 선명하며 잎의 종류는 활엽, 가는 잎, 창 모양이 있다. 고온의 환경에 강하다.

홍콩야자 Schefflera
(두릅나무과)홍콩야자속, 원산지는 동아시아)

튼튼하고 기르기 쉬운 품종이다. 잎에 광택이 있고 반점이 들어간 것도 있다. 별명은 케이폭 kapok.

그 외 추천 식물

활엽수

자금우 紫金牛
(자금우과)자금우속, 원산지는 일본)

추위에 잘 견디며, 음지에서도 광합성을 잘 한다. 가는 땅속줄기가 옆으로 뻗으며 증식한다. 7~8월에 꽃이 핀 후 11~2월에 5~8mm의 붉은 구슬 모양의 열매를 맺는다.

다육식물

꽃기린
(대극과)유포르비아Euphorbia속, 원산지는 마다가스카르)

사계절 꽃이 피는 성질이 강해 추위에 주의하면 1년 내내 꽃을 즐길 수 있다. 꽃의 색깔도 다양하다.

이끼와 다육식물

일 년 내내 늘 푸른 이끼와 다육
식물을 이용한 그린 어레인지먼트
Green Arrangement. 통통한 다육의 질
감과 싱싱한 이끼가 어우러져 풍
부한 녹색의 자연을 즐길 수 있다.

이끼와 다육식물의 컵 어레인지먼트

다육식물을 가운데 심고 그 주위를 이끼로 덮은 간단한 어레인지먼트.
짙은 녹색 이끼를 전면에 깔아서 하나의 다육식물만으로도 생동감이
넘친다.

〈앞〉　**이끼** … 가는참외이끼, 참꼬인이이끼
　　　다육식물 … 거미줄바위솔

〈뒤〉　**이끼** … 가는참외이끼, 참꼬인이이끼
　　　다육식물 … 연화바위솔

◎ **만드는 법**

1 컵에 강모래를 담는다.
2 중심에 다육식물을 심는다.
3 주위에 이끼를 깐다.

유리 용기를 이용하면 옆모습도 감상할 수 있다는 것이 장점이다. 흙의 건조
상태를 살피면서 물주기를 한다.

이끼와 다육식물의 어레인지먼트

선물 박스가 연상되도록 꽃 모양의 다육식물과 이끼를 번갈아 배열했다. 각각의 질감 차이가 매력적이다. 온통 녹색이면서도 화려한 분위기를 연출한다.

이끼 ⋯ 서리이끼, 가는참외이끼, 참꼬인이이끼, 가는흰털이끼
다육식물 ⋯ 티피, 능견

이끼와 다육식물의 어레인지먼트

◎ 준비물

· 이끼 ··· 좋아하는 이끼(사진은 서리이끼, 가는 참외이끼)
· 식물 ··· 좋아하는 다육식물(사진은 티피, 능견)
· 용토 ··· 적옥토(작은 입자)
· 핀셋
· 가위
· 분무기
· 직사각형 화분

38

1 화분의 80퍼센트까지 적옥토를 넣고 분무기로 물을 뿌린다.

2 다육식물 한 종류를 준비한다. 뿌리에 붙은 흙을 핀셋으로 적당히 털어내고, 마른 잎은 떼어낸다.

3 흙 위에 뿌리를 눌러서 다육식물을 차례차례 심는다.

4 한 줄로 심은 후, 좌우로 적옥토를 넣어 뿌리가 완전히 보이지 않도록 한다.

선물 박스 이미지를 살리려면 꽃 모양의 다육식물을 고
르는 것이 좋다.

5 잎이 흙으로 덮이지 않도록 핀셋으로 뿌리 부분의
흙을 정리한다.

6 다육식물 주변의 흙에 분무기로 물을 뿌려서 촉촉
하게 한다.

7 다른 종류의 다육식물을 한 줄 더 심는다.

8 이끼(서리이끼)를 사이에 깐다. 흩어지지 않고 덩
어리가 되도록 까는 것이 요령.

39

9 다육식물 사이 공간에 이끼를 깐 후의 모습. 흙이
보이지 않아야 한다.

10 화분 좌우의 빈 공간에도 이끼(가는참외이끼)를
깐다. 이끼가 식물을 덮지 않도록 주의한다.

최신 유행하는 이끼와 다육식물

높이가 있는 디저트 접시에 뷔페 음식처럼
담아놓은 어레인지먼트.
가운데 부분의 다육을 높이 쌓은 후 이끼는
균형을 맞춰 장식한다.

40

돔 형태로 쌓기

◎ **준비물**

- 이끼 … 솔이끼, 서리이끼
- 다육식물 … 좋아하는 3종(사진은 사마로, 티피, 거미줄바위솔)
- 용토 … 강모래
- 가위
- 핀셋
- 분무기
- 디저트 접시

1 가운데 부분이 약간 올라오도록 용기에 강모래를 깔아준다. 중심에 메인 다육식물(사진은 사마로)을 심는다.

2 뿌리가 보이지 않도록 강모래로 덮는다.

3 강모래로 덮은 모습. 가운데가 솟아 있다.

4 이끼를 깔기 쉽도록 분무기로 물을 뿌려 모래를 촉촉하게 만든다.

41

5 메인 다육식물 왼편에 별도의 작은 다육식물(사진
은 티피)을 심는다.

6 오른쪽에도 작은 다육식물(사진은 거미줄바위솔)
을 심는다. 양쪽 다육식물의 뿌리가 보이지 않도록
강모래를 덮는다.

7 메인 다육식물의 주위에 솔이끼를 깐다.

8 앞쪽에 서리이끼를 깐다. 정면에는 낮은 이끼를 깔
아서 높낮이 차이를 주면 리듬감이 연출된다.

9 뒤쪽에도 서리이끼를 깐다. 분무기로 이끼에 수분
을 보충하면 완성.

가장자리에 키 작은 이끼를 배치하여, 작은 용기이지만 볼륨감 있게 구성했다.

이끼분재에 어울리는 다육식물

다육식물은 이끼와 마찬가지로 다양한 용기에 심을 수 있고 다양한 어레인지먼트를 할 수 있다는 것이 매력이다. 작품을 만들었던 경험을 바탕으로 분재로 키우기 좋은 튼튼한 다육식물을 소개한다.

다육식물의 분류

다육식물은 건조한 지역에서 살아남기 위해 줄기와 잎에 수분을 많이 저장함으로써 다육질이 된 식물의 총칭으로, 크게 보면 선인장도 포함된다.

세계 각지의 열대지역에 서식하며 우리나라에도 몇 가지 다육식물이 자생한다. 종류는 15,000종이 넘으며 개량종도 많이 나오고 있다.

성장 시기는 원산지에 따라 달라 봄가을형, 여름형, 가을형 세 가지로 나뉜다. 성장기 이외에는 수분을 최소한으로 유지할 필요가 있기 때문에 화분에서 기를 경우 생육 패턴을 알아 두는 것이 중요하다. 작은 용기에서 기르는 분재의 경우, 모든 다육식물들이 같은 패턴으로 자라게 된다.

국내 자생하는 다육식물

국내 다육식물 중에는 산야초에 해당하는 것이 많다. 봄가을형이며 추위에 강한 것이 특징.

둥근바위솔
(돌나물과)바위솔속

작은 장미꽃 모양의 잎이 사랑스럽다. 장미꽃 모양의 잎에서 땅덩굴줄기를 뻗어 새끼 그루를 생성한다.

오른쪽 위가 둥근바위솔

바위솔
(돌나물과)바위솔속

잎 끝이 손톱처럼 뾰족한데 이것이 겹쳐져서 장미꽃 모양이 된다. 연화바위솔처럼 위로 뻗치며 자랄 수도있다.

연화바위솔
(돌나물과)바위솔속

고무주걱 같은 잎이 겹쳐져서 장미꽃 모양이 된다. 성장하면 장미꽃 모양의 가운데 부분이 위로 자란다. 꽃이 피면 그루는 말라죽고 새끼 그루가 남는다.

위로 자란 연화바위솔로 만든 작품. 90쪽 참고.

그 외 작품에 사용한 다육식물

생육 형태는 봄가을형으로 우리 기후에 적합하고 기르기 쉬운 품종이다.

셈페르비붐Sempervivum속

거미줄바위솔
(원산지는 유럽 중남부)

잎의 끝에서 뻗어 나온 흰 실이 잎을 덮는다. 분재에서 많이 사용하는 품종. 땅덩굴줄기를 뻗어서 새끼 그루를 생성한다.

시노크라슐라Sinocrassula속

사마로四馬路
(원산지는 중국)

두툼한 바나나 같은 잎이 장미꽃 모양으로 펼쳐진다.

에케베리아Echeverría속

자라고사zaragozae

교배종. 봄과 가을의 건조기에 뾰족한 잎의 끝이 붉게 물든다.

세덤Sedum속

땅채송화
(원산지 불명)

작고 끝이 둥근 잎이 빽빽하게 난다. 분재로 자주 이용되며 튼튼해서 기르기 쉽다.

박스어레인지먼트에 사용한 다육 식물

티피   능견

작은 용기가 편리

시중에 판매되는 작은 용기는 콩분재와 모아심기 할 때 편리하게 이용할 수 있다.

다육식물도 물주기는 확실하게

다육식물은 건조한 환경에 강하고, 다습한 환경에는 약하다. 따라서 작은 화분에 심은 분재를 관리할 때는 물이 잘 빠지도록 주의한다. 수분이 부족해도 곧바로 시들지는 않지만, 다른 식물과 마찬가지로 기본적으로는 분무기와 물뿌리개로 물주기를 확실히 해야 한다.

【물주기 기준】

※이끼와 흙이 축축하다면, 이끼의 표면 온도와 습도를 조절하기 위해 잎에 물을 한 번만 뿌린다.

시기	횟수
4~6월	1일에 1회
7~9월	1일에 2회
10~11월	1일에 1회
12~3월	2일에 1회

페트병 캡에 담은 콩분재

· **이끼** ⋯ 가는흰털이끼, 은이끼
· **다육식물** ⋯ 바위솔, 둥근바위솔, 땅채송화, 옵튜사, 거미줄바위솔

이끼와 작은 용기

이끼는 뿌리가 없다. 헛뿌리를 가지고 있으며 무리를 지어 사는 식물로, 작은 그릇이나 용기에 심어도 충분하다. 평소에 사용하던 그릇을 이용하거나 자연을 소재로 이끼분재를 만들어서 소박하게 녹색 자연을 즐겨보자.

페트병 캡에 담은 콩분재

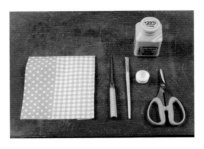

◎ 준비물

· 이끼···좋아하는 이끼(사진은 가는참외이끼)
· 식물···좋아하는 식물(사진은 리틀잼Little Gem)
· 용토···적옥토(작은 입자)
· 핀셋
· 가위
· 분무기
· 오른쪽의 데코패치용 재료와 도구(a~f)

◎ 데코패치 재료

a 데코패치용 페이퍼패치(접착제)
b 가위
c 페트병 캡
d 연필
e 송곳
f 데코패치 전용 페이퍼

48

1 데코패치용 페이퍼를 적당한 크기의 삼각형으로 자른다.

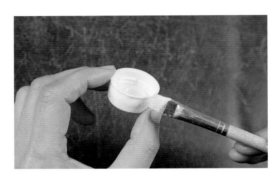

2 페트병 캡의 바깥쪽과 가장자리에 접착제를 바른다.

3 페이퍼를 한 장씩 붙인다. 가장자리 쪽을 2~3mm 정도 접어넣는다.

4 표면이 보이지 않을 정도로 페이퍼를 붙인 다음, 다시 풀을 발라 페이퍼를 두세 겹 더 붙인다.

데코패치 decopatch ··· 얇은 종이를 풀로 붙여서 장식하는 프랑스의 수공예. 코팅된 풀이 방수 역할을 하므로 실용적으로 이용할 수 있다.

5   페이퍼를 캡에 붙인 모습. 마지막으로 페이퍼 위에 접착제를 발라 코팅한 다음 말린다.

6   페이퍼가 마르면 송곳으로 바닥에 물빠짐용 구멍을 뚫는다. 구멍 주위가 울퉁불퉁할 수 있으니 송곳은 밖에서 안쪽으로 깊숙이 찌른다.

7   적옥토를 캡의 절반 정도 높이까지 넣고, 분무기로 물을 뿌려 촉촉한 상태로 만든다.

8   작은 식물 하나를 준비한다. 뿌리에 달린 흙은 적당히 털어낸다.

9   식물을 중간에 두고 주위에 적옥토를 채워 넣는다.

10   적옥토를 넣은 모습. 가장자리의 높이보다 가운데가 솟아오르게 한다.

point   용기가 작을수록 수분을 비축하지 못해 쉽게 건조해지므로 콩분재는 특별히 신경 써서 물주기를 해야 한다.
(101쪽 참고)

11 볼에 물을 붓고 화분에서 기포가 나오지 않을 때까지 담근다. 화분 위에서 줄 때보다 적옥토가 물을 충분히 흡수하게 되므로 보습성이 좋아진다.

12 물에서 건져낸 모습. 물기를 머금은 흙이 바닥의 구멍을 메우면서 솟아올랐던 가운데 부분이 가장자리와 같이 평평해진다.

13 화분의 공간에 맞춰서 이끼를 자른다.

14 식물을 덮지 않도록 이끼를 식물 주위에 꼼꼼히 깔아준다.

15 이때 캡의 가장자리에서 이끼가 비어져 나오지 않도록 하는 것이 포인트.

16 분무기로 물을 뿌려 수분을 보충한다.

만들기 기본 · 페트병 캡에 담은 콩분재

50

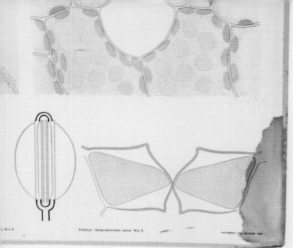

이끼를 담은 미니 바구니

작은 바구니에 이끼와 식물을 심는다. 테마가 다른 바구니 몇 개를 만들어 집안을 장식해보자.

· **이끼** ··· 서리이끼, 참꼬인이이끼(위의 오른쪽),
　　　　　가는참외이끼(위의 왼쪽, 아래)
· **식물** ··· 월귤(아래)

작은 유리잔에 담은 이끼

작은 유리잔과 이끼의 조합이 청량한 분위기를 자아낸다. 하늘하늘 흔들리는 넉줄고사리의 잎이 돋보인다.

· **이끼** … 가는흰털이끼(왼쪽), 참꼬인이이끼(오른쪽)
· **식물** … 넉줄고사리(오른쪽)

◎ **만드는 법**

1 유리잔에 화장토와 강모래를 아래부터 순서대로 넣는다.
2 식물을 심고, 그 위에 강모래를 채운 다음 이끼를 깐다.

스푼에 담은 이끼

나무 스푼에 화장토를 올리고 그 위에 이끼를 깔기만 하면 끝나는 초간단 어레인지먼트. 디저트 접시처럼 연출한 아이디어가 돋보인다.

· **이끼** … 가는참외이끼(위, 아래), 날개양털이끼(위), 가는흰털이끼(중간)

◎ **만드는 법**

1 스푼에 화장토를 적당히 깐다.
2 위에 이끼를 펴준다.

【테크닉】

키 큰 이끼 심기

◎ 준비물

· 이끼…솔이끼
· 용토…적옥토(작은 입자)
· 가위
· 분무기
· 좋아하는 용기

1 솔이끼를 준비한다. 헛뿌리는 짧게 자르지 않고 길게 남겨둔다. 헛뿌리에 붙은 흙도 이끼가 잘 정착할 수 있도록 최대한 남긴다.

2 용기에 적옥토를 담고 솔이끼를 넣는다. 55쪽 작품처럼 주위에 서리이끼를 깔면 키 큰 솔이끼가 더 돋보인다.

54

point　키 큰 솔이끼의 경우, 헛뿌리가 몸체를 지탱해주므로 짧게 자르지 않도록 한다.

이끼와 생활 용기

생활 속에서 사용하는 용기로도 재미있는 작품을 만들 수 있다. 서리이끼를 담은 캔들 홀더가 용기 밖으로 날아오를 것 같은 불꽃의 이미지를 연출하며, 아래의 솔이끼를 내려다보고 있다.

· 이끼 … 솔이끼(왼쪽, 오른쪽), 서리이끼(왼쪽)

55

이끼와 심볼

융단처럼 촘촘히 짜인 이끼를 원하는 모양으로
잘라서 연출해도 된다. 고양이와 하트 모양의 이
끼는 보는 것만으로 미소가 지어 진다. 이런 특
별한 화분을 선물로 받는다면 누구라도 기뻐하
지 않을까.

· **이끼** ··· 가는참외이끼

잘라서 모양 만들기

◎ **준비물**

· 이끼 … 좋아하는 이끼(사진은 가는참외이끼)
· 용토 … 적옥토(작은 입자), 화장토
· 가위
· 분무기
· 좋아하는 용기

point

촘촘하게 짜인 이끼를 사용한다.
이끼를 능숙하게 자르기 어려우면, 원하는 형태로 종이를 잘라 이끼 위에 겹쳐 놓고 자르면 된다.

1 이끼 덩이를 가위로 잘라서 좋아하는 모양(하트)을 만든다.

2 평평한 바닥에 놓고 형태를 잘 다듬는다.

3 적옥토를 화분의 80퍼센트 정도 넣고 분무기로 물을 뿌린다. 그 위에 이끼를 올려놓고 다시 화분의 90퍼센트까지 흙을 채운다.

4 적옥토에 분무기로 물을 뿌리고 화장토로 덮은 후, 마지막에 분무기로 물을 뿌려 수분을 보충한다. 이끼가 생육해서 솟아오르면 경엽莖葉(잎과 줄기)을 다듬어서 원래 크기를 유지한다.

이끼와 화산암

화산암을 용기 삼아, 이끼와 식물을 심었다. 작은 녹색 이끼는 웅대한 자연의 사이클을 응축한 듯한 작품으로 탄생한다.

· **이끼** ··· 날개양털이끼(위, 아래), 가는참외이끼(아래)
· **식물** ··· 넉줄고사리(위), 바위솔(아래)

◎ **만드는 법**
화산암에 이끼볼 용토(19쪽)를 붙여서 이끼와 식물을 심는다.

자연 소재를 이용한 이끼분재 용기

작고 얇은 용기나 주변에 있는 생활 용기를 사용해도 되지만, 이끼의 소박한 매력을 최대한 끌어내고 싶다면 용기 대신 자연 소재를 이용하는 것도 한 방법. 자연 소재는 통기성과 배수성이 좋고 실용면에서도 뛰어나다.

자연 소재에 심은 이끼를 별도의 용기나 쟁반에 담아도 멋진 작품이 된다. 82쪽의 작품

경석 화분

가볍고 작아서 간단하게 만들어 볼 수 있다. 작은 양의 이끼를 담아도 멋진 화분이 된다.

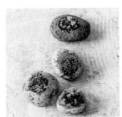

6쪽의 작품

화산암

암석의 검은 표면이 녹색 이끼를 돋보이게 한다. 이끼볼 용토(19쪽)를 접착제 삼아 이끼를 표면에 깐다.

58쪽의 작품

성게 껍질

자연의 아름다움이 응축된 모습. 미니어처 가든, 테라리움에 악센트를 더할 때 사용해보자.

70쪽의 작품

솔방울

주변에서 쉽게 구할 수 있는 솔방울도 이끼를 심을 수 있는 화분 역할을 한다. 솔방울 비늘의 작은 틈에 이끼를 끼워 넣기만 하면 끝.

이끼를 끼워 넣은 후 분무기로 물을 뿌리면 비늘이 물을 머금으면서 닫히기 때문에 이끼가 단단하게 고정된다.

이끼 자르기 복습

이 책에는 용도에 맞춰 이끼를 다양하게 자르는 방법이 나온다. 정리하면서 복습해보자.

〈이끼볼〉

이끼의 두께가 고르지 않으면 완성된 후에 울퉁불퉁하기 때문에 헛뿌리 쪽을 잘라서 이끼의 두께를 조절한다.

두께를 균일하게 하려면 →
헛뿌리 쪽 자르기

이끼의 헛뿌리 쪽을 가위로 잘라서 적당한 두께로 만든다.

〈초미니 화분〉

작은 화분의 경우 이끼가 두꺼우면 거치적거리기 때문에 깔기 쉽도록 얇게 만든다.

얇게 자르려면 → 헛뿌리와
경엽 자르기

이끼볼과 마찬가지로 헛뿌리 쪽을 자른 다음, 사진처럼 경엽 쪽을 자른다. 너무 많이 잘라서 산산조각이 나지 않도록 주의한다.

〈이끼 화분, 미니어처 가든〉

이끼가 솟아오르는 듯한 모양을 만들 때는 이끼의 가장자리를 비스듬하게 잘라서 얇게 만든다.

입체적으로 만들려면 →
가장자리 비스듬히 자르기

원하는 형태로 자르고, 사진처럼 가위를 눕혀서 가장자리를 비스듬하게 다듬는다.

이끼와 테라리움

테라리움은 유리처럼 투명한 용기 안에서 식물을 키우는 것을 말하는데, 보습성이 높아 이끼가 성장하는 데 적합한 환경을 제공한다. 인테리어 감각을 살려 투명한 용기 속에 또 하나의 세계를 만들어보자.

해변과 기하학 도형

솔이끼가 원시림처럼 뒤덮인 섬의 해안에 사람의 손길이 깃든 작은 구조물 하나가 솟아오른다. 자연과 인공이라는 상반된 조합이 독특하다.

·**이끼** ··· 솔이끼, 서리이끼, 가는흰털이끼

녹색 대초원

두 종류의 이끼로 생기 있는 대초원의 이미지를 연출했다.
녹색 언덕에서 마음껏 뛰어다니는 상상에 빠져본다.

· **이끼** … 서리이끼, 참꼬인이이끼

작은 이끼볼로 만든 섬

돔 모양의 용기 속에 들어 있는 작은 이끼볼이 오도카니 떠 있는 섬처럼 보인다. 투명한 용기 속에 갇혀 있지 않고 과감하게 잎이 밖으로 뻗어 있어, 생명력이 넘치는 식물의 힘이 느껴진다.

· **이끼** … 가는참외이끼
· **식물** … 돌담고사리

【만들기 기본】

이끼로 만드는 테라리움

◎ 준비물

· 이끼 ⋯ 솔이끼, 좋아하는 이끼(사진은 가는참외이끼)
· 용토 ⋯ 적옥토(작은 입자), 화장토
· 분무기
· 핀셋
· 가위
· 좋아하는 용기

66

1 용기에 5mm 정도의 두께로 적옥토를 깔고, 분무기로 물을 뿌린다. 흙이 촉촉해야 이끼가 정착하기 쉽다.

2 솔이끼 뭉치에서 5~6장 정도를 떼낸다.

3 이끼를 깔았을 때 기우뚱하지 않도록 헛뿌리를 평평하게 자른다. 헛뿌리는 너무 많이 자르지 말고 충분히 남겨둔다.

4 정중앙에서 약간 뒤쪽에 솔이끼를 놓고 헛뿌리가 안 보일 때까지 적옥토를 넣어주고 분무기로 물을 뿌린다.

5 적당한 크기로 자른 가는참외이끼 뭉치를 사진처
럼 동그랗게 펼친다.

6 처음에 올려놓은 솔이끼를 뒤에서 에워싸듯 가는
참외이끼를 깐다.

7 앞쪽에 얇게 적옥토를 올리고, 분무기로 촉촉하게
물을 뿌린다.

8 그 위에 화장토를 올리고, 분무기로 촉촉하게 물을
뿌린다.

67

9 핀셋으로 화장토에 삼각형 구멍을 만든다.

10 이 구멍에 삼각형으로 자른 이끼를 집어넣는다. 마
지막에 분무기로 물을 뿌린다.

야쿠시마 태고의 숲

미야자키 하야오 감독의 애니메이션 영화 〈원령공주〉의 모티브가 된 일본의 섬 야쿠시마屋久島의 7천 년 된 조몬삼나무 이미지를 연출했다. 중앙에 솔이끼를, 그 주위에는 서리이끼를 심었다. 이끼를 나무껍질로 만든 끈으로 묶어 금줄을 친 신목의 위엄이 느껴진다.

· **이끼** … 솔이끼, 서리이끼

◎만드는 법

1 접시에 적옥토를 넣고 중앙에는 솔이끼를, 주위에는 서리이끼를 심는다.
2 이끼 주위에 강모래, 화장토(큰 입자)를 깐다.
3 이끼 전체를 나무껍질로 만든 끈으로 묶는다.

바다와 육지의 만남

이끼 벽이 마치 정글처럼 보이는 테라리움. 성게 껍질에
담긴 작은 식물이 포인트이다. 바다에서 표류해 온 열매
가 싹이 터, 새로운 생명을 탄생시키는 장면을 연출했다.

· **이끼** ··· 날개양털이끼
· **식물** ··· 바위취
· **그 외** ··· 성게 껍질

◎ **만드는 법**

1 그릇에 적옥토를 넣는다.
2 이끼 벽(75쪽)을 넣는다.
3 강모래를 넣고, 바위취를 심은 성게 껍질을 넣는다.

이끼 벽은 두 장이 맞붙어 있어 반대쪽에서 봐도 멋지다.

녹색 폭포

시원한 폭포의 이미지를 연출한 작품. 세차게 떨어지는 물 줄기를 이끼 벽 등으로 절묘하게 표현했다. 정적과 생동감 이라는 두 가지 요소가 시각적으로 조화를 이룬다.

· **이끼** ··· 날개양털이끼, 은이끼
· **식물** ··· 바위취
· **그 외** ··· 돌

◎ **만드는 법**

1 용기에 적옥토를 넣는다.
2 이끼 벽(75쪽)을 넣는다.
3 이끼볼의 용토를 이용해 돌에 이끼와 바위취를 심 은 후 용기 속에 넣고, 주위에 이끼를 더 붙인다.

끝없는 초원

병 안에 풍요로운 이끼 초원이 펼쳐져 있다. 자세히 살
펴보면, 작은 당나귀 장식품을 배치해서, 미니어처의
세계가 더 생생한 스토리를 전하도록 연출했다.

· **이끼** ··· 가는참외이끼
· **그 외** ··· 우드칩, 미니어처 장식

◎ **만드는 법**

1 잼 병 뚜껑에 이끼를 넣고 동물 장식을 올려놓는다.
2 이끼를 꾹꾹 눌러주면서 우드칩*을 가장자리에 배열하고
  병의 본체를 돌려 닫아준다.

*우드칩: 잡초 발생을 억제하고 수분을 일정하게 유지시켜 준다.―옮
긴이

테라리움 용기 고르기

테라리움 안의 식물은 물을 자주 주지 않아도 된다. 잎을 통해 증발된 수분이 다시 흙으로 내려와 뿌리로 흡수되기 때문이다. 순환하면서 습도가 유지되는 것이다. 그래서 테라리움에 사용할 용기는 수분의 순환이 원활하고 습도가 잘 유지되는 것으로 골라야 한다. 햇볕이 통하는 투명한 재질로, 입구가 작거나 뚜껑이 달린 밀폐식 용기가 좋다.

테라리움의 기원

테라리움이란 식물을 투명한 용기에 넣어 키우는 것을 말한다. 기원은 1,800년대 런던까지 거슬러 올라간다. 당시에 유리 용기에 넣어 두었던 식물을 통해, 밀폐가 잘 되는 유리 용기 속에서는 수분의 순환이 원활해 자연에 가까운 환경이 된다는 것을 알게 되었다.
물을 자주 주지 않아도 되고, 식물을 다양하게 배치할 수 있어 그린 인테리어green interior로 최근 다시 주목받고 있다.

유리 돔

시판되는 테라리움용 용기. 입구가 너무 좁으면 손이 들어가지 않아 식물을 심기 어렵다.

유리병

식료품 용기처럼 보존용 뚜껑이 달린 용기는 보습성이 뛰어나 테라리움 용기로 적합하다.

잼 병

빈 잼 병은 테라리움 용기로 편리하게 이용할 수 있다. 뚜껑 쪽을 밑으로 세워 사용한다.

잼 병을 사용한 72쪽 작품

뚜껑 달린 용기, 이런 점에 주의하자

뚜껑이 투명하지 않은 용기는 위로 들어오는 햇볕이 차단된다. 놓아두는 장소에 따라서 차이가 나기는 하지만 사용하지 않는 것이 좋다.

테라리움에 물주기

물은 약간 적게

기본적으로는 물주기 횟수가 적더라도 습도가 적당하게 유지되기는 한다. 그러나 용기의 뚜껑이 있는 경우와 없는 경우에 각각의 건조 상태가 다르다는 점에 주의한다.

뚜껑이 있는 용기는 2~3주에 1회 기준으로 물을 준다. 뚜껑이 없는 용기는 이끼의 건조 상태를 확인해서 물을 주되, 자주 주지 않아도 된다.

【뚜껑 없는 용기의 물주기 기준】

※1회당 물을 주는 양은 건조한 상태에 따라 조절한다.

시기	횟수
4~6월	1일에 1회
7~9월	1일에 2회
10~11월	1일에 2회
12~3월	2일에 1회

분무기로 이끼가 촉촉할 정도로 물을 뿌린다.

주의점

두는 장소

테라리움은 습기를 좋아하는 이끼에 잘 맞는 환경이지만, 그렇더라도 고온다습하지 않도록 주의해야 한다. 고온에서는 말라 죽기 때문에 직사일광을 피하고, 여름철에도 기온이 오르지 않는 장소에 두어야 한다.

장식물 고르는 법

내부의 습도를 유지해야 하기 때문에 미니어처 소품이나 장식품을 함께 둘 경우 곰팡이에 주의하자. 자연 소재를 사용할 경우에는 돌이나 조개껍데기가 적당하다.

뚜껑 달린 용기는 물방울이 달린 정도와 이끼의 습기를 기준으로 물을 준다.

【테크닉】

이끼 벽 만들기
테라리움을 레벨업시키는 방법

1 같은 크기의 이끼 두 장을 준비해 한쪽 헛뿌리에 접착제가 될 이끼볼 용토(19쪽)를 바른다.

2 이끼의 헛뿌리끼리 붙이면 완성. 어느 쪽에서 봐도 경엽으로 만들어진 녹색 벽이다.

이끼와 미니어처 가든

상자나 생활 용기 속에 자연의 풍경을 담아낸 이끼분재.
돌 정원, 일본의 가정식 정원부터 유럽식 정원까지 미니어처 가든을 만들어보자.

※작품은 손바닥에 올려놓을 수 있을 정도의 크기다.

바둑판 모양 이끼 정원

교토의 도후쿠지東福寺 방장方丈 정원을 닮은 바둑판무늬의 이끼
정원. 모던하면서 기하학적인 형태로 서양식 인테리어에도 잘
어울린다.

· **이끼** ··· 가는참외이끼

◎ **만드는 법**
80쪽의 작품과 같은 요령으로 만든다.

고산수 정원

됫박 속에 담긴 고산수 정원.(枯山水, 돌과 모래만으로 산수를 표현한 정원−옮긴이) 이끼와 함께 폭포석과 징검돌을 배치한 작은 정원은 보기만 해도 마음이 차분해진다.

· **이끼** ··· 가는참외이끼, 가는흰털이끼

이끼로 만든 일본식 정원

◎ 준비물

- 이끼…좋아하는 이끼(사진은 가는참외이끼)
- 용토 … 적옥토(작은 입자), 화장토
- 폭포석
- 징검돌 3개
- 오층탑(분재용 장식품)
- 분무기
- 가위
- 됫박

80

1 됫박의 80퍼센트 높이까지 적옥토를 넣는다.

2 이끼가 정착하기 쉽도록 분무기로 물을 뿌려 흙을 촉촉하게 만든다.

3 폭포석을 됫박의 모서리에 놓는다.

4 징검돌 3개를 대각선으로 나란히 놓는다.

일본식 정원처럼 보이려면 돌과 함께 화장토의 흰색 이미지를 적절히 이용해야 한다. 일본의 정원 양식에서는 정원석을 배치할 때 홀수가 원칙.
분재용 미니어처 재료와 장식품을 놓으면 정취가 한껏 우러난다.

5 징검돌 사이에 작게 자른 이끼를 깐다.

6 징검돌 주변 전체를 이끼로 덮은 모습이다.

7 적옥토 위에 화장사를 채워 넣는다. 전체에 분무기로 물을 뿌려 수분을 보충한다.

8 장식품을 놓으면 완성.

가정집의 작은 정원

매일 바라보고 싶은 상자 속 작은 정원. 큰 돌에
넉줄고사리를 붙이고 이끼를 깔아주면 완성된다.

· **이끼** … 가는참외이끼, 가는흰털이끼
· **식물** … 넉줄고사리
· **그 외** … 돌

◎ **만드는 법**

1 적옥토를 넣는다.
2 돌에 이끼볼의 용토로 넉줄고사리를 붙이고 이끼를 간다.
　이 돌을 다시 상자 안에 앉히고 주위에 이끼를 간다.
3 강모래를 넣는다.

해변의 풍경

넓은 접시에 해변의 모습을 연출했다. 해변과 밀려오는 파도를 표현한 강모래와 화장토, 이에 대비되는 이끼 언덕이 아련한 느낌을 준다.

· **이끼** ··· 가는참외이끼, 가는흰털이끼

◎ **만드는 법**

1 접시에 적옥토를 깐다.
2 이끼를 올리고 강모래, 화장토를 깐다.
3 장식품(게)을 올린다.

새해를 맞이하는 정원

새해 맞이용으로 만든 미니어처 가든에서 경건한 분위기가 느껴진다. 삼나무 분재가 담긴 용기를 그대로 상자에 넣어, 산꼭대기에 솟아오른 나무 한 그루의 이미지를 연출했다.

· **이끼** ⋯ 날개양털이끼, 가는참외이끼, 은이끼
· **그 외** ⋯ 삼나무 콩분재(참꼬인이이끼)

84

이끼를 둥글게 자르고, 깔
아서 악센트를 주었다. 화
장토로는 검은 후지사를
사용하여 중후한 느낌을
주었다.

◎ 만드는 법

1 나무 상자에 적옥토를 넣는다.
2 삼나무 콩분재 화분을 올리고 그 주위에 케토흙을 넣은 다음, 날개양털이
   끼를 깐다.
3 검은색 화장토(사진은 후지사 사용)를 깔고, 둥글게 자른 가는참외이끼,
   은이끼를 심는다.
4 종이끈으로 리본을 묶어 장식한다.

작은 집이 있는 정원

녹색 담쟁이덩굴로 덮인 작은 집과 정원의 이미지를 연출한
미니어처 가든. 잔디밭을 이끼로 표현하고 집 주변에 식물
을 심었다.

· **이끼** ··· 가는참외이끼
· **식물** ··· 돌나물, 페페로미아

상자의 모서리를 정면으로 두고 집과 식물을 배치했다. 작아도 깊이감이 느껴지는 구도.

이끼로 만든 유럽식 정원

◎ 준비물

- 이끼…좋아하는 이끼(사진은 가는참외이끼, 날개
  양털이끼)
- 좋아하는 식물(사진은 토끼풀)
- 용토…적옥토(작은 입자)
- 분무기
- 가위
- 장식용 집
- 상자

1 상자에 적옥토를 넣고 이끼가 정착하기 쉽도록 분무기로 물을 뿌린다. 사진의 상자처럼 구멍이 있는 경우에는 구멍보다 1cm 아래 높이로 흙을 넣는다.

2 사진처럼 대각선 형태로 가는참외이끼를 깐다. 비어 있는 모퉁이는 식물을 심을 공간이다.

3 식물(토끼풀)을 빈 모퉁이에 심는다. 식물의 뿌리에 달린 흙은 전부 털어내지 말고 적당하게 남겨두면 정착하는 데 도움이 된다.

4 식물의 뿌리가 보이지 않도록 흙을 담고, 분무기로 물을 뿌려 수분을 보충한다. 85쪽의 작품처럼 검은색 화장토를 사용하면 중후한 느낌을 준다.

담쟁이덩굴로 덮인 정원의 이미지를 연출하고 빈 모퉁이에는 토끼풀을 심는다. 이끼를 사용할 경우에는 길이가 긴 이끼(사진은 날개양털이끼)가 좋다.

5 장식용 집을 올리고 집과의 균형을 살피면서 식물의 길이와 형태를 조절한다.

6 집의 뒤쪽부터 날개양털이끼를 깐다. 이끼 안쪽에 접착제 역할을 하는 이끼볼 용토(19쪽)를 붙이면 작업이 훨씬 수월하다.

7 지붕도 이끼로 덮는다. 이끼의 크기가 작을 경우에는 이끼를 연결해서 깐다.

8 마지막에 분무기로 이끼에 수분을 보충한다.

초록 크리스마스트리

다육과 이끼로 만든 세련된 초록색의 크리스마스트리. 위로 뻗어나가는 다육
식물인 연화바위솔을 중심으로 주위에 새털 같은 날개양털이끼를 깔았다.

· **이끼**···날개양털이끼, 은이끼
· **식물**···연화바위솔
· **장식**···솔방울

트리 주변에는 둥글게 자른 스노우볼 형태의 이끼를 깐다.

◎만드는 법

1 상자에 적옥토를 넣는다.
2 연화바위솔을 심고 뿌리 주위를 이끼볼 용토(19쪽)로 덮은 후, 날개양털이
　끼를 깐다.
3 주위에 둥글게 다듬은 은이끼를 심고, 검은색 화장토를 깐다.
4 솔방울로 장식한다.

이끼와 콩분재

이끼 화분과 초미니 화분으로 실력이 늘었다면, 이제 콩분재와 초물분재(나무가 아닌 초본식물로 만드는 분재-옮긴이)를 만들어보자. 이끼만으로도 귀여운 분재를 만들 수 있지만, 여기에 초목을 더하면 훨씬 다채로운 분위기를 연출할 수 있다.

※사진의 작품은 실물 크기에 가깝다

94

콩분재 아라카르트 à la carte

다육과 양치식물, 초목, 이끼로 만든 콩분재를 모았다. 작은 화분에서 흘러넘칠 듯하면서도 느긋한 모습이 제각각 특별한 풍경을 만든다. 장소를 거의 차지하지 않아 모아심기하듯 나란히 장식한다. (중간부터 시계 방향으로) 넉줄고사리, 부처손, 아그배나무, 바위솔, 곰솔

콩분재 준비하기

시판되고 있는 콩분재용 화분은 1.5cm 정도의 작은 것을 비롯하여, 형태와 종류가 다양하다. 어떤 용기에 담느냐에 따라 식물의 표정이나 외관이 달라지기 때문에 용기를 고르는 일이 중요하다. 콩분재용 화분은 배수가 잘 되도록 물빠짐 구멍이 있고, 바닥 부분에는 배수가 잘 되면서도 화분 아래쪽으로 와이어를 감아도 안전하도록 높은 굽이 있는 것이 특징. 콩분재는 화분이 작기 때문에 보습성이 나빠 쉽게 건조해지니, 이런 전용 화분을 사용하는 것이 좋다. 안쪽에 유약을 바른 것은 통기성이 나쁘니 주의.

콩분재 화분 준비

물빠짐 구멍으로 흙과 뿌리가 나오지 않도록 화분 바닥에 망을 깐다. 콩분재 외에도 구멍이 있는 용기를 사용할 경우에는 모두 동일하다.

◎ 재료

알루미늄 와이어
가위로 자를 수 있고 구부리기 쉬운 것이 특징. 5cm 정도로 잘라서 손으로 U자 형태로 구부린다.

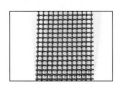

화분 바닥의 망
가위로 원하는 크기로 잘라서 사용한다. 구멍보다 1cm 정도 크게 자른다.

1 화분 바닥의 구멍에 망을 깐다.

2 구멍의 크기에 맞춰 안쪽에서 바깥으로 와이어를 끼운다.

3 화분 밖에서 와이어를 양옆으로 펼쳐, 움직이지 않도록 고정시킨다. 길면 잘라준다.

콩분재

◎ 준비물
· 좋아하는 이끼(사진은 가는참외이끼)
  좋아하는 식물(사진은 다육식물 리틀 잼)
· 용토… 적옥토(작은 입자)
· 분무기
· 가위
· 송곳
· 핀셋
· 화분

1 다육식물을 포트에서 꺼내고, 뿌리에 묻은 흙을 적당히 털어낸다.

2 화분의 절반 정도로 적옥토를 넣은 다음, 식물을 심는다.

3 식물의 뿌리가 보이지 않을 때까지 흙을 넣는다.

4 송곳처럼 끝이 가는 도구로 뿌리를 펴서 뿌리와 뿌리 사이에 용토가 들어가도록 한다.

콩분재로 심을 식물은 기본적으로 종류를 가리지 않지만, 화분의 크기를 감안하면 아무래도 작은 식물이 돋보인다.

5 흙을 담은 모습. 가장자리보다 가운데가 약간 솟아오를 정도가 좋다.

6 물을 채운 볼에 화분을 담가서 물에 잠기도록 한다.(101쪽 참조)

7 흙에서 기포가 나오지 않으면 물에서 꺼낸다. 흙으로 구멍이 막혀 보습성이 좋아진다.

8 손끝으로 흙을 눌러 빈틈을 없앤다.

97

9 작게 자른 이끼를 흙 위에 깐다. 이끼가 흙을 막아주는 역할을 한다.

10 핀셋을 사용해 화분 바깥으로 비어져 나온 이끼를 안쪽으로 밀어 넣어 정리한다.

옮겨심기

콩분재와 화분에 심은 식물은 2년에 1회 기준으로 옮겨심기를 한다.
이는 뿌리가 휘거나, 흙 속의 잡균이 번식해 식물이 약해지는 것을 막아준다.
옮겨심기는 식물에 부담이 되므로 가급적 생육기인 봄에 하는 것이 좋다.

1 화분에서 식물을 꺼낸다. 이때 딱딱해진 상태의 흙
을 송곳으로 살살 털어서 부드럽게 해주되, 뿌리
주변의 흙이 떨어져 나가지 않게 하고, 뿌리가 상
처 입지 않도록 주의한다.

2 화분에서 막 꺼낸 모습. 뿌리에 손이 많이 닿지 않
도록 주의한다.

3 뿌리가 휘어져 있으면 사진처럼 화분 바닥의 망에
걸리는 경우가 많다. 이럴 때는 뿌리에 망이 붙어
있는 상태로 함께 꺼낸다.

4 뿌리에 붙어 있는 흙을 털어서 제거한다. 뿌리가
상처 입지 않도록 주의한다.

5　흙을 제거한 모습. 뿌리가 길게 뻗어 있다.

6　마른 잎이 있으면 바로 잘라낸다.

7　너무 길어진 뿌리는 중간쯤에서 잘라준다. 콩분재
　는 식물이 커지지 않아야 하므로 뿌리가 길어지면
　바로 잘라주어야 한다.

8　새 화분을 준비해 배수용 구멍에 망을 덮는다.(95
　쪽 참고) 원래의 화분을 그대로 사용할 경우에는
　씻어서 준비한다.

9　새로운 화분에 식물을 옮겨 심은 모습. 심는 방법
　은 96쪽과 같다.

> 식물을 크게 키우고 싶다면, 길게 자란 뿌리를
> 씻어서 한 단계 큰 화분에 옮겨 심는다. 이때 이
> 끼도 옮겨 심으면 분재의 모양도 색달라지고 새
> 로 시작하는 기분을 느낄 수 있다.

콩분재용 식물

콩분재는 손바닥에 쏙 들어갈 만큼 작지만, 나름대로 자연을 표현하고 있다. 친숙한 산야초山野草나 귀여운 화초류를 골라 작지만 웅대한 자연의 정취를 느껴보자.

콩분재

콩분재란 소형 분재, 즉 작은 분재를 말한다. 분재를 크기별로 나누는 기준은 수고樹高인데, 수고란 화분 위부터 나무 꼭대기까지의 길이를 말한다. 분재는 대형분재(약 60cm 이상), 중형분재(약 25~60cm), 소형분재(약 25cm 이하)로 나누는데, 소형 분재 중에서 7cm 이하의 작은 크기를 콩분재로 다시 분류하기도 한다. 이 책에서는 5cm 전후의 특히 작은 분재를 콩분재라 칭했다.

분재는 식물에 따라 침엽수, 잡목류, 꽃류, 열매류, 초화류로도 나뉘는데, 이 책에서 주로 소개한 산야초 콩분재는 모두 초화류이다.

바위취
(바위취과)범의귀속, 원산지는 아시아)

다년초이며, 습기가 많은 환경을 좋아하고 추위에 강하다. 잎이 뿌리 부근에서 나고 손바닥 모양으로 퍼진 형태이며 흰 반점이 나타난다.

넉줄고사리
(넉줄고사리과)넉줄고사리속, 원산지는 열대지역)

상록성 양치식물로 토양에 뿌리내리지 않고, 나무줄기와 바위 표면에 착생한다. 길이는 10~20cm 정도.

콩짜개덩굴
(고란초과)콩짜개덩굴속, 원산지는 아시아)

소형 양치식물인 상록성 다년초로, 바위와 나무에 착생한다. 가는 뿌리줄기로부터 길이 1~2cm의 둥글고 두툼한 잎이 나온다.

석곡石斛(동양난)
(난과)석곡속, 원산지는 아시아)

다년초이며, 토양에 뿌리를 내리지 않고 바위와 나무에 착생한다. 5~6월에 흰색과 연한 분홍색 꽃을 맺는다. 사진은 잎에 반점이 있는 석곡.

아그배나무
(장미과)사과나무속, 원산지는 아시아)

낙엽성 소고목小高木이다. 높이는 10cm 정도가 되며, 5~6월에 흰 꽃을 피운다. 지름 6~10mm의 붉은색 열매가 열린다. 심산해당深山海棠, 삼엽해당三葉海棠이라는 별칭도 갖고 있다.

섬잣나무
(소나무과)소나무속, 원산지는 아시아)

일본에서는 오엽송五葉松이라고 불린다. 오엽을 가진 소나무란 뜻인데, 바늘 모양의 잎이 5장씩 뭉치로 달려 있다. 정원수와 분재, 꽃꽂이에 자주 이용된다. 사진은 종자에서 싹을 틔운實生 섬잣나무이다.

무늬돌나물

(벼과)대나무아과, 원산지는 일본)

다년초이며, 1년 내내 즐길 수 있다. 응달에서도 잘 자라며 작은 화분에 심어도 관리하기 쉽다. 분재로 만들면 잎이 작아져 앙증맞다.

부처손

(부처손과)양치식물속, 원산지는 아시아)

다년초이며, 바위와 나무 등에 착생한다. 잎은 작으며 가을이 되면 단풍이 든다. 분재에서는 나무 밑에 심는 덤불로 자주 이용된다.

마르기 쉬우므로 물주기는 확실하게

콩분재는 화분이 아주 작아 잘 마르는 것이 단점. 따라서 물을 줄 때는 듬뿍 주어야 한다. 분무기로 물을 줄 때는 흠뻑 젖을 때까지 확실하게 준다. 물뿌리개로 물을 줄 경우 구멍이 가는 것을 골라 휘휘 돌려가며 뿌린다. 화분 바닥의 물빠짐 구멍으로 물이 나올 때까지 준다.

물뿌리개를 이용할 때는 위에서 물뿌리개를 돌리면서 뿌려준다.

'물에 담그기', 즉 물을 채운 용기에 화분 전체를 몇 분간 담가둔다.

【물주기 기준】

※초봄과 가을에 갑자기 고온이 되는 시기에는 물주기 횟수를 늘린다.

시기	횟수	물에 담그기
4~6월	1일에 1회	3일에 1회
7~9월	1일에 2회	1일에 1회
10~11월	1일에 1회	3일에 1회
12~3월	2일에 1회	1주일에 1회

장식 방법 연구

콩분재 화분이 여러 개일 경우에는 큼직한 화분에 강모래처럼 촉촉한 흙을 깔고, 그 위에 화분들을 배치하는 것도 좋은 방법이다. 촉촉한 흙이 그 위에 있는 콩분재를 마르지 않게 한다.

용어 해설

헛뿌리: 이끼류에서 자라는 뿌리를 닮은 기관으로, 이끼의 몸체를 고정하는 역할을 한다.

화산회토火山灰土: 화산분출물로 이루어진 토양

그루: 초본(목질부가 아닌 연질로만 이루어진 풀)의 한 뭉치

경엽莖葉: 줄기와 잎

근생根生: 뿌리의 가장자리에서 잎이 나오는 것

삭蒴: 이끼식물의 포자낭을 말함. 포자를 싸고 있는 주머니 모양의 생식 기관

하초下草: 나무의 아래쪽에서 자라는 초본류

착생着生: 땅속에 뿌리를 내리지 않고 암석 등 다른 물체에 붙어서 사는 것

분형근盆形根: 화분에 심는 식물의 뿌리와 뿌리에 붙은 흙덩어리

반나절 그늘진 곳: 하루 중 한정된 시간에만 볕이 드는 장소

실생實生: 수목의 씨를 채취해서 싹을 틔우는 것

물마름: 흙이 말라서 화분 안의 수분이 부족한 것

용토用土: 식물을 재배하는 데 이용되는 흙

커버 작품촬영 / 오단 마치코大段まちこ
프로세스 촬영 / 야마모토 카즈마사山本和正
디자인 / 하다 이즈미葉田いづみ
원서 인쇄 / 시나노 서적인쇄

✧ 당신은 언제나 옳습니다. 그대의 삶을 응원합니다. — 라의눈 출판그룹

나의 작은 **이끼 정원**

초판 1쇄 2018년 11월 21일
　　　2쇄 2022년 1월 3일

지은이 하즈미 나오미
옮긴이 박유미

펴낸이 설응도
펴낸곳 라의눈

편집주간 안은주
영업·마케팅 민경업

출판등록 2014년 1월 13일(제2019-000228호)
주소 　　서울시 강남구 테헤란로78길 14-12, 동영빌딩 4층
전화 　　02-466-1283
팩스 　　02-466-1301
e-mail 편집 editor@eyeofra.co.kr 마케팅 marketing@eyeofra.co.kr
　　　　경영지원 management@eyeofra.co.kr

ISBN 979-11-88726-26-4 13520

ICHIBAN YASASHII KOKEBONSAI TO MAMEBONSAI
ⓒ NAOMI HASUMI 2017
Korean translation rights ⓒ 2018 by EyeofRa Publishing Co., Ltd.
Originally published in Japan in 2017 by X-Knowledge Co., Ltd.
Korean translation rights arranged through AMO Agency SEOUL